¿POR QUÉ ESTA SERIE?

La motivación para escribir mi primer libro, fue ofrecer un panorama general de los interesantes descubrimientos que se han hecho hasta ahora sobre la realidad en qué vivimos y de la que formamos parte, que fuese asequible y entendible para toda persona, y así lo expliqué en el prólogo:

"Desde la antigüedad la humanidad se ha esforzado por comprender lo mejor posible el Universo y el mundo en que vive, en gran parte por necesidades prácticas, pero también en buena medida por la curiosidad innata que parece inherente al ser humano.
En la actualidad se ha llegado, edificando sobre los conocimientos acumulados durante siglos, a un entendimiento profundo de muchos de los aspectos de nuestro mundo, y mucho de lo que se ha descubierto ha causado sorpresa y ha planteado nuevos interrogantes, que son objeto de intensa investigación.
Probablemente muchas personas sientan interés por lo que se ha descubierto hasta ahora, y por los métodos que han hecho posibles tales descubrimientos.
Puede que muchos se pregunten cómo es posible saber la composición de los astros, que están a distancias inalcanzables, y cómo se determinan tales distancias, o

cómo se ha obtenido conocimiento del mundo submicroscópico.

Quizá muchos quisieran entender algo sobre la relatividad y la teoría cuántica, y las cosas extrañas que esas teorías han revelado sobre la naturaleza del espacio y el tiempo, de la materia y la energía.

También es sumamente interesante lo que se ha descubierto sobre el ADN, y la manera en que el código genético da origen a las variadas y complejas formas de vida, o el papel que desempeña el cerebro en nuestra percepción y concepción de la realidad.

En estas páginas se intentan explicar las ideas esenciales sobre esos temas en un lenguaje sencillo y asequible, de forma que puedan ser entendidas sin necesidad de conocimientos previos, y puedan ser útiles a los que sienten curiosidad por tales asuntos.

Si logran su objetivo, las explicaciones que aquí se presentan pueden servir de base para que después cada cual, si lo desea, profundice en aquello que más le interese, así como para estar preparados para asimilar los nuevos hallazgos que sin duda llegarán, a medida que la investigación en todos los campos progrese."

Después de algunas explicaciones adicionales que se fueron añadiendo, el resultado fue este libro:

que considera los siguientes temas:

Índice

EL UNIVERSO..
....

El modelo geocéntrico

El modelo de Copérnico simplifica el sistema

El orden descubierto por Kepler

Los estudios de Galileo sobre el movimiento

La unificación de Newton

¿Cómo se miden las distancias a los astros?

Las variables cefeidas

¿Cómo se forman las estrellas?

Galaxias, cúmulos galácticos y supercúmulos

¿Cómo surgió la teoría del Big Bang?

Modelos de Universo

Nuestra galaxia: La Vía Láctea

La refracción de la luz

¿Cómo se midió la velocidad de la luz?

¿Cómo se formó el Sistema Solar?

LA TIERRA..

El tiempo geológico

La orogénesis

La Tierra en el comienzo

La deriva continental

¿Cómo se conoce la composición interna del planeta?

La Tectónica de Placas

¿Cómo se calcula la edad de la Tierra?

¿Cómo se calculó en la antigüedad el tamaño de la Tierra?

¿Cómo se determinan los grados de inclinación del eje terrestre con respecto al plano de su órbita en torno al Sol?

¿Qué es la precesión de los equinoccios y a qué se debe?

LA MATERIA..

Los principios matemáticos

Mecánica estadística. La teoría cinética de los gases

La hipótesis de Avogadro.

Los pesos atómicos relativos. Definición de mol

Las leyes de la termodinámica

Otras fuerzas

La unificación de Maxwell

El origen de la teoría de la relatividad

La relatividad de la simultaneidad

El espacio de Minkowski

Electromagnetismo y mecánica

El aumento de la masa con la velocidad

Masa y energía

La Relatividad general

El principio de equivalencia

La "generalidad" de la Relatividad general

La teoría cuántica. Luz y materia

La radiación de cuerpo negro

El efecto fotoeléctrico

La naturaleza eléctrica de la materia

El modelo atómico de Thompson

El modelo nuclear de Rutherford

La Teoría cuántica "salva" al átomo: el modelo de Bhor

El modelo de Bhor y el espectro del hidrógeno

La idea de De Broglie

La nueva mecánica cuántica

Las matrices de Heisenberg

La formulación de Dirac, la mecánica matricial y la mecánica ondulatoria

El principio de indeterminación y las ondas de probabilidad

El concepto de "campo cuántico"

Las fuerzas nucleares

Física de partículas

La unificación de las fuerzas

Unificación electrodébil

Cromodinámica cuántica

Las GUT (Teorías de gran unificación) y el modelo estándar

Gravedad cuántica, supersimetría, supergravedad y supercuerdas

Supercuerdas y Teoría M

MOLÉCULAS ORGÁNICAS..

Genética y Biología molecular

Las leyes de Mendel

Moléculas orgánicas

La teoría cuántica y la Tabla periódica

¿Qué representa la "función de onda"?

Interpretaciones de la teoría cuántica

¿Qué es la realidad?

¿Crea el "cerebro" la realidad? (Cerebro, tiempo y realidad)

SISTEMA NERVIOSO Y ORGANISMO...

FISIOLOGÍA : El cuerpo humano

Sin embargo puede que diferentes personas se interesen solo en preguntas muy específicas, y aprecien una respuesta más breve, que no requiera tanta lectura y les ahorre tiempo.

Además, iniciar y disponer de una serie de relatos cortos, puede hacer posible, no solo presentar información que ya está contenida en otros libros más extensos, sino también ir ampliando las explicaciones progresivamente, y también escribir sobre nuevos temas que puedan interesar, y sobre "los nuevos hallazgos que sin duda llegarán, a medida que la investigación en todos los campos progrese", manteniéndonos así al día, pues se siguen descubriendo cosas nuevas sumamente sorprendentes e intrigantes.

Para aquellos que, después de leer un relato corto sobre un asunto específico que les interesa, quieran obtener ya información sobre otros temas, que todavía no se hayan tratado en esta colección, se presentan al final algunos de los libros más extensos ya publicados.

Pasamos ya a considerar el tema del que trata este número.

¿Por qué el cielo es azul y rojos los atardeceres?

Cuando una onda, de cualquier tipo, se encuentra con un obstáculo en su camino, evidentemente su propagación puede verse afectada, pero la magnitud del efecto dependerá tanto del tamaño del obstáculo como del de la onda. Una ola en el mar apenas será afectada en su recorrido por un granito de arena, pero una roca grande puede impedir el paso de una parte del frente de onda, y será como si la ola se dividiese en dos; una parte de ella pasará y seguirá su camino por un lado de la roca, y otra parte lo hará por el otro lado; no sería raro que ambas partes experimenten una cierta desviación, de modo que al dejar atrás la roca, la ola original dé lugar a dos olas que avanzarán en direcciones ligeramente distintas. Cuando a una onda le ocurre eso al interaccionar con un obstáculo del tamaño adecuado, se dice que se ha producido una "difracción".

Por la noche percibimos el cielo como una especie de "bóveda" negra en la que podemos ver las estrellas. Es durante el día, cuando el Sol brilla y lo ilumina, cuando generalmente lo vemos azul. De modo que parece evidente que el color se origina por la interacción de la luz solar con las partículas de la atmósfera terrestre, principalmente las moléculas de aire; ya que predomina el azul, parece claro que tal interacción, *dispersa* por la atmósfera las longitudes de onda de la luz solar correspondientes a ese color, que son de las más cortas de la parte visible del espectro. Se conoce a ese fenómeno como "dispersión de Rayleigh", por el científico que hizo una formulación matemática de él.

Como hemos visto en el ejemplo de la ola del mar y la roca, para que haya "dispersión" de ondas (de cualquier tipo de onda), los objetos que dispersan las ondas deben tener un tamaño que sea aproximadamente del mismo orden que el de las ondas, similar o menor; si la longitud de onda es más pequeña que el "obstáculo", seguramente la onda será reflejada; no se producirá una *dispersión* sino una *reflexión*. Un ejemplo de "onda reflejada" lo tenemos en el "eco", cuando las ondas sonoras rebotan, por decirlo así, en una zona montañosa, vuelven a nosotros y las escuchamos poco después de haberlas emitido.

Sabemos que las longitudes de onda correspondientes a los colores de la luz visible son muy pequeñas, pero también lo son las dimensiones de muchas de las "partículas" que se encuentran en la atmósfera, sobre todo las de las más abundantes: las moléculas de aire; por tanto la dispersión de la luz se produce.

Las ondas de luz son ondas electromagnéticas, campos electromagnéticos viajeros, y las moléculas, como los átomos que las componen, también tienen naturaleza eléctrica. Los átomos y moléculas tienen sus propias frecuencias naturales de oscilación, en general muy elevadas, y por tanto con longitudes de onda muy cortas. En la dispersión de Rayleigh, el campo eléctrico de la onda incidente afecta a las cargas de las partículas, y a sus frecuencias de oscilación. La partícula se comporta como un diminuto "dipolo eléctrico" que emite radiación, y la radiación visible que emite es la luz dispersada; el cálculo matemático indica que las radiaciones incidentes que tienen mayor probabilidad de interaccionar con las partículas (tal como ocurre en los fenómenos de "resonancia"), son aquellas cuya frecuencia se aproxime más a las frecuencias naturales de la molécula y sus componentes, que como hemos dicho son altas; por eso las frecuencias de luz visible más altas, de longitud de onda más corta, como la correspondiente al color azul, son las que más se dispersan; aunque el color violeta tiene una longitud de onda aún más corta, nuestro sistema visual tiene poca sensibilidad para el violeta, y mucha más para el azul; por eso generalmente vemos el cielo de color azul.

Al atardecer el Sol está mucho más inclinado con respecto a nosotros, y por eso lo vemos bajo, cerca del horizonte; debido a eso la luz que nos llega de él tiene que recorrer una distancia mayor a través de la atmósfera, de modo que, por el camino, la dispersión hace que vaya perdiendo la mayor parte de las longitudes de onda cortas, y las que finalmente nos llegan como remanente son las largas, las correspondientes a los tonos anaranjados, amarillos y rojos. Y eso nos brinda el hermoso espectáculo de las puestas de Sol; diminutas partículas de polvo suspendidas en el aire, vapor de agua y nubes, pueden también contribuir a la apariencia que presente cada puesta de Sol, lo que proporciona una variedad casi infinita de atardeceres, siempre bellos, con frecuencia impresionantes, y en algunas ocasiones, espectaculares.

SUGERENCIAS PARA LOS QUE QUIERAN INFORMACIÓN SOBRE TEMAS AÚN NO TRATADOS EN ESTA SERIE (Se incluyen también los índices de cada libro, porque comparten información, aunque con algunas variaciones y añadidos, ya que se dirigen a lectores con diferentes intereses):

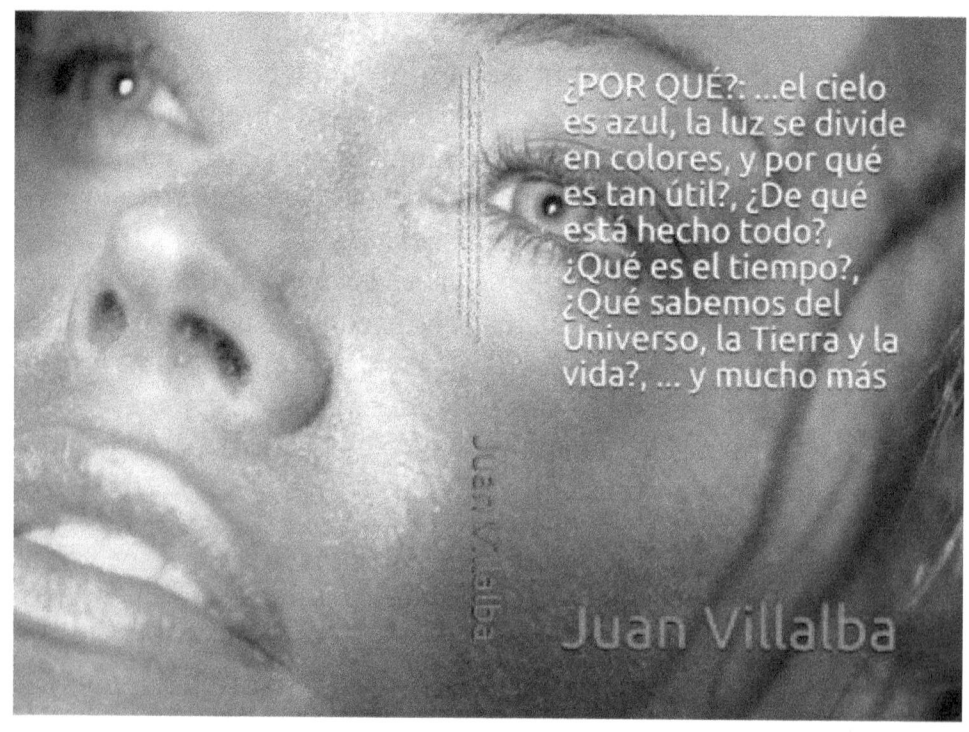

ÍNDICE

NUESTRA CURIOSIDAD INNATA…Y LA EMOCIÓN DE DESCUBRIR

(La emoción de desvelar misterios)

Comencemos

CONSIDERACIÓN GENERAL DE DESCUBRIMIENTOS CIÉNTÍFICOS IMPORTANTES Y CÓMO SE HICIERON: Del Universo a los átomos y al ADN (el asombroso "programa" que genera a los seres vivos)

LAS TRES LEYES DE KEPLER DEL MOVIMIENTO PLANETARIO

El orden descubierto por Kepler

LOS DESCUBRIMIENTOS DE KEPLER Y GALILEO: Newton "a hombros de gigantes"

Los estudios de Galileo sobre el movimiento

LA PUESTA EN MARCHA DE LA FÍSICA MODERNA

La unificación de Newton
PRINCIPIOS MATEMÁTICOS

¿Cómo se miden las distancias a los astros?

Las variables cefeidas

¿Cómo se forman las estrellas?

Galaxias, cúmulos galácticos y supercúmulos

¿Cómo surgió la teoría del Big Bang?

EL MULTIVERSO: UNIVERSOS PARALELOS Y DIMENSIONES OCULTAS

Modelos de Universo

DE NEBULOSAS A GALAXIAS: se amplía el tamaño del universo
Nuestra Galaxia: la Vía Láctea

LA REFRACCIÓN DE LA LUZ: Fuente de belleza y de conocimiento

La refracción de la luz

¿Por qué el cielo es azul y rojos los atardeceres?

¿Cómo se midió la velocidad de la luz?

¿Cómo se formó el Sistema Solar?

GEOLOGÍA I : La Tierra en el comienzo

El tiempo geológico

La Tierra en el comienzo

GEOLOGÍA II: Orogénesis, la formación de las grandes cordilleras

GEOLOGÍA III: El ciclo de Wilson y los supercontinentes

La deriva continental

¿Cómo se conoce la composición interna del planeta?
La Tectónica de placas

¿Cómo se calcula la edad de la Tierra?

EL TAMAÑO DE LA TIERRA, LA INCLINACIÓN DE SU EJE Y LA PRECESIÓN DE LOS EQUINOCCIOS

¿Cómo se calculó en la antigüedad el tamaño de la Tierra?

¿Cómo se determina cuantos grados de inclinación tiene el eje terrestre, con relación al plano de su órbita alrededor del Sol?

¿Qué es la precesión de los equinoccios y a qué se debe?

LOS QUÍMICOS: Precursores en la investigación del átomo

Mecánica estadística. La teoría cinética de los gases

La Hipótesis de Avogadro

Los pesos atómicos relativos. Definición de mol

Las leyes de la Termodinámica

Otras fuerzas

LA RELATIVIDAD ESPECIAL I: El tiempo se ralentiza y el espacio se acorta

La unificación de Maxwell

El origen de la teoría de la relatividad

La relatividad de la simultaneidad

El espacio de Minkowski

Electromagnetismo y mecánica

LA RELATIVIDAD ESPECIAL II: La masa es energía

El aumento de la masa con la velocidad

EL UNIVERSO DE EINSTEIN: La Relatividad General

El principio de equivalencia

La "generalidad" de la Relatividad General

LA RADIACIÓN DE CUERPO NEGRO: Un descubrimiento que cambiaría drásticamente nuestro entendimiento del mundo

EINSTEIN PONE EN MARCHA LA TEORÍA CUÁNTICA: El efecto fotoeléctrico

RUTHERFORD DESCUBRE EL NÚCLEO DEL ÁTOMO

La naturaleza eléctrica de la materia

El modelo atómico de Thompson

El modelo nuclear de Rutherford

EL MODELO ATÓMICO DE BOHR

La Teoría cuántica "salva" al átomo: El modelo de Bhor

El modelo de Bohr y el espectro del hidrógeno

EL PRINCIPIO DE EXCLUSIÓN DE PAULI Y LA TABLA PERIÓDICA

MECÁNICA CUÁNTICA I : Las matrices de Heisenberg

La nueva mecánica cuántica

Las matrices de Heisenberg

MECÁNICA CUÁNTICA II: Las ondas de De Broglie

La idea de De Broglie

MECÁNICA CUÁNTICA III: La ecuación de Schrödinger y la formulación de Dirac

La formulación de Dirac, la mecánica matricial, y la mecánica ondulatoria.

El principio de indeterminación y las ondas de probabilidad

¿Por qué las *ondas de Schrödinger* no son como las ondas familiares que se propagan en el espacio tridimensional?

¿Qué parecen decirnos la Relatividad y la Teoría Cuántica sobre la naturaleza de la realidad?

EL ELECTRÓN RELATIVISTA DE DIRAC Y EL PRINCIPIO DE EXCLUSIÓN

La supersimetría en la teoría de cuerdas

¿POR QUÉ NOS PARECEMOS A NUESTROS PADRES?:
De las leyes de Mendel al ADN I

- Las leyes de Mendel
-
- ¿POR QUÉ NOS PARECEMOS A NUESTROS PADRES?:
  De las leyes de Mendel al ADN II
-
- Moléculas orgánicas
-
  - EL CUERPO HUMANO Y SU ASOMBROSA COORDINACIÓN
  - **LOS MÚSCULOS**
  - **LOS HUESOS Y LAS ARTICULACIONES**
  - **EL APARATO DIGESTIVO**
  - **EL APARATO RESPIRATORIO**
  - **EL APARATO CIRCULATORIO**
  - **SISTEMA NERVIOSO Y ORGANISMO**
  - # SECCIÓN DE MATEMÁTICAS

- EXPLICACIÓN DE LA LÓGICA TRAS LOS CONCEPTOS ESENCIALES DE LAS MATEMÁTICAS
- MATEMÁTICAS SIN FÓRMULAS
- Calculando áreas y volúmenes
- ¿Qué es una ecuación?
- **¿Qué es una función?**
- El cálculo infinitesimal
- EL DESCUBRIMIENTO DE LAS MATEMÁTICAS
- **DERIVADAS E INTEGRALES**
- (Cálculo infinitesimal: diferencial e integral)
- **(DERIVADAS) ÍNDICE**
- ¿Qué es el cálculo infinitesimal?
- Derivada de un producto de funciones
- Derivada del producto de una constante por una función
- Derivada de la función idéntica
- Derivada de un producto de varias funciones
- Derivada de la potencia de una función
- Derivada del seno
- Derivada del coseno
- Derivada de una función de función (regla de la cadena)
- Derivada del logaritmo en base "a" de "x"
- CAMBIO DE BASE AL USAR LOGARITMOS
- Derivada del logaritmo natural (o neperiano) de "x"

- Derivada de la función inversa
- Derivada de la función $y = a^x$
- Derivada de la función exponencial $y = e^x$
- Derivada del logaritmo natural (o neperiano) de cualquier función $y = \ln u$, donde $u = f(x)$
- Derivada de una potencia de exponente fraccionario o negativo
- **TABLA DE DERIVADAS**
- **CÁLCULO INTEGRAL**
  - CÁLCULO INTEGRAL: INTEGRALES Y MÉTODOS DE INTEGRACIÓN
- UNA FORMA DISTINTA DE "SUMAR"
- **TABLA DE INTEGRALES**

- **INTEGRACIÓN POR PARTES**

- **INTEGRACIÓN POR SUSTITUCIÓN (O CAMBIO DE VARIABLE)**

- MATEMÁTICAS, "LA POESÍA DE LA NATURALEZA"
- **RELATIVIDAD GENERAL**

EXPLICACIÓN DE LAS MATEMÁTICAS QUE UTILIZA

MATEMÁTICAS PARA LA RELATIVIDAD GENERAL

Transformación de coordenadas

Cómo pasar de un sistema de coordenadas a otros

Tensores (magnitudes tensoriales)

Uso de subíndices y superíndices en "Cálculo tensorial"

Operaciones con tensores

Rango de un tensor

El tensor fundamental

La "métrica" o "tensor métrico"

El "intervalo": el objeto geométrico fundamental

La Derivada covariante

Símbolos de Christoffel

Cómo se deriva un "determinante"

Ecuación de las geodésicas

El tensor de curvatura (Tensor de Riemann-Christoffel)

- **CONVENIO DE SUMA**
- **ECUACIONES DE LAS GEODÉSICAS**
- OPERACIONES CON TENSORES
- **CUADRIVECTOR CONTRAVARIANTE**
- SUMA Y RESTA DE TENSORES
- CUADRIVECTOR COVARIANTE
- **Desarrollo de una ecuación tensorial**
- **TENSORES DE ORDEN SUPERIOR**
- **TENSORES CONTRAVARIANTES DE ORDEN SUPERIOR**

- Tensor de tercer orden contravariante
- TENSORES COVARIANTES DE ORDEN SUPERIOR
- DETERMINANTES
- MATRICES Y DETERMINANTES
- MULTIPLICACIÓN DE DETERMINANTES
- OBTENCIÓN DE LA MATRIZ INVERSA
- MULTIPLICACIÓN POR LA MATRIZ IDENTIDAD
- MENORES Y COFACTORES
- COFACTORES
- MATRIZ TRANSPUESTA

- MULTIPLICACIÓN POR LA MATRIZ IDENTIDAD

- INVERSA DE UNA MATRIZ

- REGLA GENERAL PARA HALLAR LA INVERSA DE UNA MATRIZ

- $\widehat{A} = $ *Adjunta de A*
- "DESARROLLO DE LAPLACE" DE UN DETERMINANTE
- DEMOSTRACIÓN GENERAL DEL MÉTODO PARA HALLAR LA INVERSA DE UNA MATRIZ
- DERIVADA DEL "TENSOR FUNDAMENTAL"
- ¿QUIERES SUMARTE AL VIAJE INTERMINABLE?
- ¿ESTAMOS TAL VEZ PASANDO POR ALTO LA CLAVE PRINCIPAL?
- INDICIOS EN NUESTRA HISTORIA RECIENTE

- **EL "LADO OSCURO" Y UNA REFLEXIÓN FINAL**
- LA ASOMBROSA Y ESTREMECEDORA HISTORIA DE LA "BOMBA ATÓMICA"
  LOS HOMBRES QUE ESTUDIABAN LAS ESTRELLAS
- LAS DESIGUALDADES DE NUESTRA "CIVILIZACIÓN AVANZADA"
- EL AGOTAMIENTO DE LOS RECURSOS DEL PLANETA
- **INDICIOS EN LA INGENIOSA ESTRUCTURA MATEMÁTICA DEL MUNDO**

- ¿A qué conclusiones podemos llegar?
- **¿Qué es la realidad?**
- TIEMPO Y ETERNIDAD

- El "Universo en bloque", intemporal e inmutable, y el "libre albedrío"

CONCLUSIÓN

- ÍNDICE
- EXPLICACIÓN DE LA LÓGICA TRAS LOS CONCEPTOS ESENCIALES DE LAS MATEMÁTICAS
- **MATEMÁTICAS SIN FÓRMULAS**
- **Calculando áreas y volúmenes**
- ¿Qué es una ecuación?
- **¿Qué es una función?**
- El cálculo infinitesimal
- EL DESCUBRIMIENTO DE LAS MATEMÁTICAS

DERIVADAS E INTEGRALES

- (Cálculo infinitesimal: diferencial e integral)

(DERIVADAS) ÍNDICE

- ¿Qué es el cálculo infinitesimal?

- Derivada de un producto de funciones
- Derivada del producto de una constante por una función
- Derivada de la función idéntica
- Derivada de un producto de varias funciones
- Derivada de la potencia de una función
- Derivada del seno
- Derivada del coseno
- Derivada de una función de función (regla de la cadena)
- Derivada del logaritmo en base "a" de "x"
- CAMBIO DE BASE AL USAR LOGARITMOS
- Derivada del logaritmo natural (o neperiano) de "x"
- Derivada de la función inversa
- Derivada de la función $y = a^x$
- Derivada de la función exponencial $y = e^x$
- Derivada del logaritmo natural (o neperiano) de cualquier función $y = \ln u$, donde $u = f(x)$
- Derivada de una potencia de exponente fraccionario o negativo

- **TABLA DE DERIVADAS**
- **CÁLCULO INTEGRAL**

- CÁLCULO INTEGRAL: INTEGRALES Y MÉTODOS DE INTEGRACIÓN

- UNA FORMA DISTINTA DE "SUMAR"
- **TABLA DE INTEGRALES**

- **INTEGRACIÓN POR PARTES**

- **INTEGRACIÓN POR SUSTITUCIÓN (O CAMBIO DE VARIABLE)**

SUCESIONES Y SERIES

SUCESIONES Y SERIES

DESARROLLO DE FUNCIONES EN SERIE DE POTENCIAS

ÍNDICE

SUCESIONES Y SERIES

Sucesión

Límites de sucesiones

El desarrollo de la potencia de un binomio

El método de diferencias

Series infinitas

Criterios de convergencia

El criterio de comparación

Criterio del cociente de D´Alembert

Criterio integral de Cauchy

Series alternadas

REPRESENTACIÓN DE FUNCIONES POR SERIES

Series infinitas

La serie geométrica

Series de Mclaurin y de Taylor

Series de potencias

Serie de Mclaurin

Series de Taylor

¿POR QUÉ REPRESENTAR O APROXIMAR FUNCIONES COMO DESARROLLOS EN SERIES DE POTENCIAS?

APROXIMACIÓN DE STIRLING PARA EL CÁLCULO DE FACTORIALES ELEVADOS

APROXIMACIÓN DE STIRLING PARA EL CÁLCULO DE FACTORIALES ELEVADOS

OBTENCIÓN DE LA SERIE DE TAYLOR

¿POR QUÉ APARECEN FACTORIALES EN TANTAS FÓRMULAS?

¿POR QUÉ FUNCIONA LA APROXIMACIÓN DE STIRLING?

ÍNDICE

INTRODUCCIÓN

OBTENCIÓN DE LA SERIE DE MCLAURIN

OBTENCIÓN DE LA SERIE DE TAYLOR

FACTORIALES

PERMUTACIONES

El desarrollo de la potencia de un binomio

FACTORIALES EN LAS SERIES DE MCLAURIN Y DE TAYLOR

CÁLCULO DE FACTORIALES PARA VALORES ELEVADOS DE "N"

APROXIMACIÓN DE STIRLING

¿POR QUÉ FUNCIONA LA APROXIMACIÓN DE STIRLING?

- MATEMÁTICAS, "LA POESÍA DE LA NATURALEZA"
- **RELATIVIDAD GENERAL**

EXPLICACIÓN DE LAS MATEMÁTICAS QUE UTILIZA

MATEMÁTICAS PARA LA RELATIVIDAD GENERAL

Transformación de coordenadas

Cómo pasar de un sistema de coordenadas a otros

Tensores (magnitudes tensoriales)

Uso de subíndices y superíndices en "Cálculo tensorial"

Operaciones con tensores

Rango de un tensor

El tensor fundamental

La "métrica" o "tensor métrico"

El "intervalo": el objeto geométrico fundamental

La Derivada covariante

Símbolos de Christoffel

Cómo se deriva un "determinante"

Ecuación de las geodésicas

El tensor de curvatura (Tensor de Riemann-Christoffel)

- CONVENIO DE SUMA
- ECUACIONES DE LAS GEODÉSICAS
- OPERACIONES CON TENSORES
- CUADRIVECTOR CONTRAVARIANTE
- SUMA Y RESTA DE TENSORES
- CUADRIVECTOR COVARIANTE
- **Desarrollo de una ecuación tensorial**
- TENSORES DE ORDEN SUPERIOR
- TENSORES CONTRAVARIANTES DE ORDEN SUPERIOR

- Tensor de tercer orden contravariante
- TENSORES COVARIANTES DE ORDEN SUPERIOR
- DETERMINANTES
- MATRICES Y DETERMINANTES
- MULTIPLICACIÓN DE DETERMINANTES
- OBTENCIÓN DE LA MATRIZ INVERSA
- MULTIPLICACIÓN POR LA MATRIZ IDENTIDAD
- MENORES Y COFACTORES
- COFACTORES

- **MATRIZ TRANSPUESTA**

- **MULTIPLICACIÓN POR LA MATRIZ IDENTIDAD**

- **INVERSA DE UNA MATRIZ**

- **REGLA GENERAL PARA HALLAR LA INVERSA DE UNA MATRIZ**

- $\hat{A}$ = *Adjunta de A*

- **"DESARROLLO DE LAPLACE" DE UN DETERMINANTE**

- **DEMOSTRACIÓN GENERAL DEL MÉTODO PARA HALLAR LA INVERSA DE UNA MATRIZ**

DERIVADA DEL "TENSOR FUNDAMENTAL"

www.ingramcontent.com/pod-product-compliance
Lightning Source LLC
Chambersburg PA
CBHW070915220526
45466CB00005B/2219